广西大藤峡水利枢纽开发有限责任公司
Guangxi Datengxia Gorge Water Conservancy Development Co.Ltd.

U0177256

大藤峡

国家172项节水供水重大水利工程标志性工程

中国水利水电出版社
China Water & Power Press
·北京·

图书在版编目（CIP）数据

大藤峡 ：国家172项节水供水重大水利工程标志性工
程 / 广西大藤峡水利枢纽开发有限责任公司著. -- 北京：
中国水利水电出版社，2019.10
ISBN 978-7-5170-8194-4

Ⅰ. ①大… Ⅱ. ①广… Ⅲ. ①水利工程－概况－中国
Ⅳ. ①TV

中国版本图书馆CIP数据核字(2019)第253893号

书　　　名	大藤峡——国家172项节水供水重大水利工程标志性工程 DATENG XIA——GUOJIA 172 XIANG JIESHUI GONGSHUI ZHONGDA SHUILI GONGCHENG BIAOZHIXING GONGCHENG
作　　　者	广西大藤峡水利枢纽开发有限责任公司　著
出版发行	中国水利水电出版社 （北京市海淀区玉渊潭南路1号D座　100038） 网址: www.waterpub.com.cn E-mail: sales@waterpub.com.cn 电话: (010) 68367658 (营销中心)
经　　　售	北京科水图书销售中心(零售) 电话: (010) 88383994、63202643、68545874 全国各地新华书店和相关出版物销售网点
排　　　版	中国水利水电出版社装帧出版部
印　　　刷	北京博图彩色印刷有限公司
规　　　格	260mm×250mm　12开本　5印张　145千字
版　　　次	2019年10月第1版　2019年10月第1次印刷
印　　　数	0001—1000册
定　　　价	98.00 元

编　委　会

前言

　　大藤峡，珠江干流最后一道天然屏障，它控制着珠江 56.4% 的流域面积和 56% 的水资源量，其地理位置、战略地位十分重要，社会效益、经济效益和环境效益非常显著。

　　2014 年 11 月，国务院确定的 172 项节水供水重大水利工程的标志性工程——大藤峡水利枢纽开工建设。这是一座集防洪、航运、发电、水资源配置、灌溉等综合效益于一体的大型公益性水利工程，流域人民翘首企盼。

　　开工建设以来，广西大藤峡水利枢纽开发有限责任公司（以下简称"大藤峡公司"）在水利部党组和广西、广东两省（自治区）党委、政府的坚强领导下，在珠江委及地方各级党委、政府的大力支持下，团结率领参建各方，紧紧围绕工程建设这一中心任务，勠力同心，攻坚克难，开拓创新，向"2019 年大江截流"目标阔步迈进。

　　当前，工程形象面貌日新月异。大藤峡公司多次组织中国水利摄影协会等水利行业单位的摄影专家深入施工一线摄影采风，用镜头全面记录枢纽的成长轨迹，真实见证建设者无悔奉献的精神风采。

　　今天，我们将一幅幅生动的"水墨丹青"集结成册，以飨读者。它承载的是历史，定格的是当下，照亮的是未来。愿大藤峡工程早日屹立雄关，愿珠江福泽流长。

作者

2019 年 9 月

5

目录

大藤峡
国家172项节水供水重大水利工程标志性工程

大美藤峡敢激浪

　　大藤峡，广西最大、最长的峡谷。这里山岭峻拔，石峰悬峙，为古往今来兵家必争之地，演绎着几多传奇。革命先驱孙中山在《建国方略》中提出修建大藤峡水利枢纽的宏大构想，一代伟人毛泽东亲手书写的"大藤峡"三个字，矗立崖壁，凝望远方。2014年，历史再次选择大藤峡，一座现代化的水利枢纽呼之欲出。

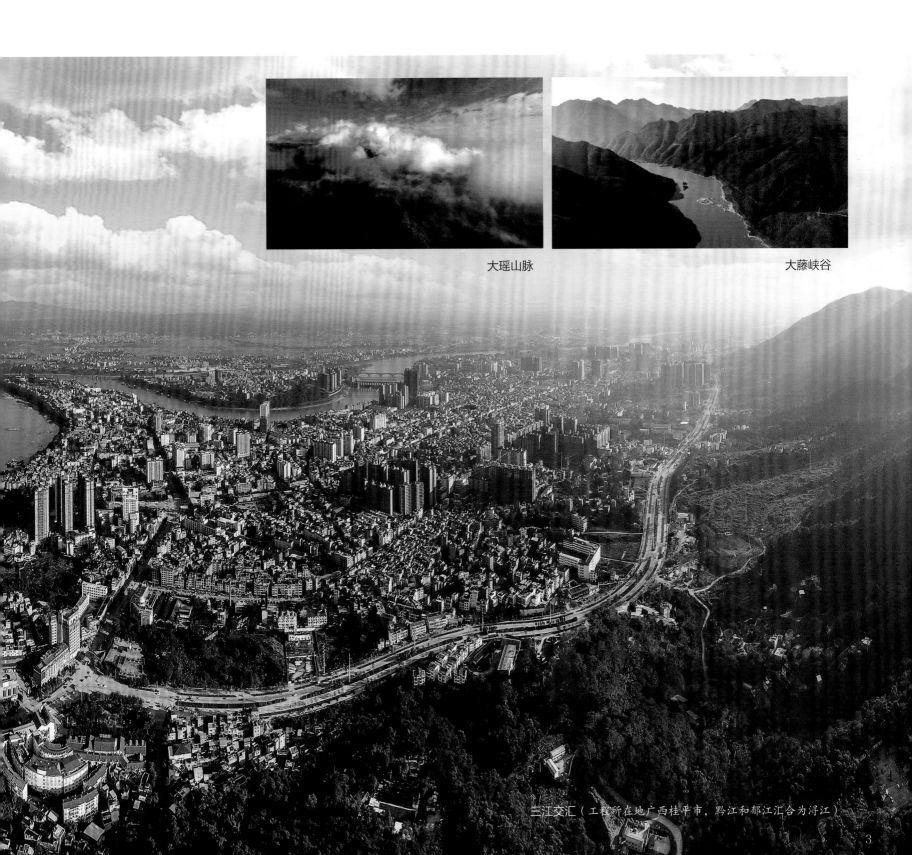

大瑶山脉

大藤峡谷

三江交汇（工程所在地广西桂平市，黔江和郁江汇合为浔江）

大美藤峡敢激浪

大藤峡工程鸟瞰图

六大工程筑伟业

　　大藤峡公司贯彻落实水利部党组"水利工程补短板，水利行业强监管"水利改革发展总基调，以创大禹奖、鲁班奖、国家优质工程奖为契机，确立了建设"精品工程、阳光工程、廉洁工程、生态工程、智慧工程、标杆工程"等六大工程新目标。

枢纽工程全貌（上游）

枢纽工程全貌（下游）

船闸下闸首（人字闸门尺寸：高47.5m、宽20.2m，堪称天下第一门）

发电厂房座环（国内最大轴流转桨式水轮机组，单机容量 200MW）

9

左岸泄水闸（低孔弧形工作闸门尺寸：高24m、宽18m，位居国内同类型闸门前列）

边坡开挖

混凝土浇筑

混凝土备仓

水轮机轴

弧形闸门支承钢梁

精雕细琢打造出夹江水工精品

全力以赴会战大藤峡水利枢纽

坝下交通桥

大藤峡

国家172项节水供水重大水利工程标志性工程

六大工程筑伟业

广西最大的砂石生产系统（月最大产量76.55万t）

夜战大藤峡

六大工程筑伟业

库区"金钉子"保护："金钉子"是"全球标准层型剖面和点位"的俗称，可用于对比全球海陆相地层和研究二叠纪末生物大灭绝过程。大藤峡公司组织制定切实可行的保护方案，确保库区来宾蓬莱洲"金钉子"地质遗迹资源不受水库蓄水影响。

库区"金钉子"保护

1号仿生态鱼道 L=1900m, i=1/200

河道弯曲长度 L=2650m, i=1/300

堰池及管理用房面积在符合东北院要求
的基础上重新布局

仿自然生态鱼道

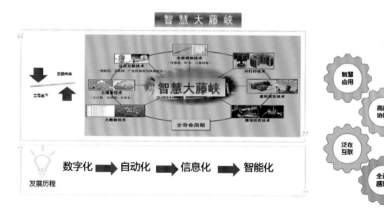

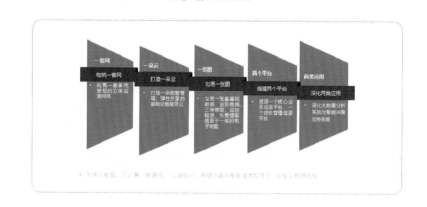

大藤峡统一门户网站

视频监控系统

移民管理系统

六大工程筑伟业

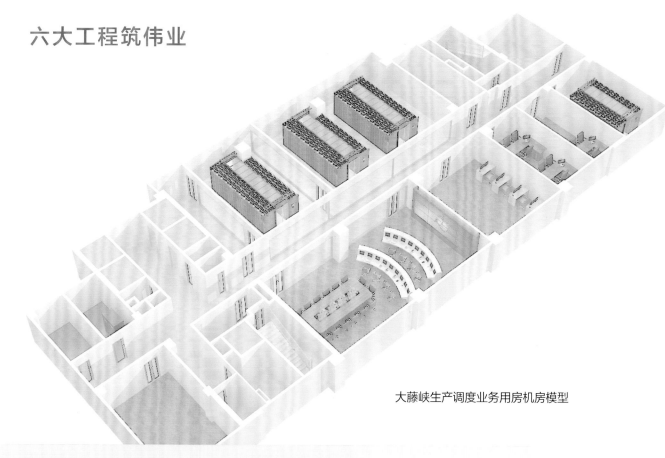

大藤峡生产调度业务用房机房模型

大藤峡水利枢纽工程正射影像图

三维模型

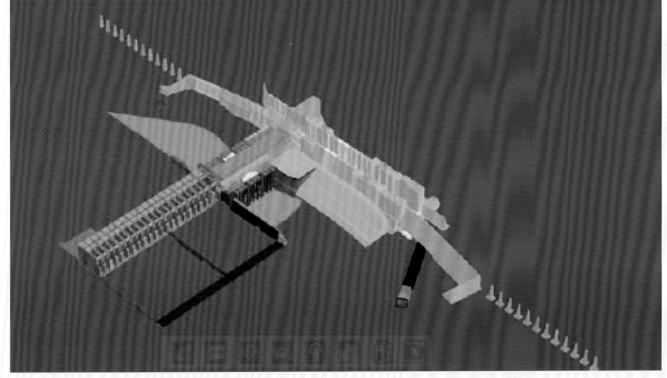

大藤峡工程 BIM

大成塘移民新村

征地协议签订   移民新房抽签

重大科研成果

枢纽沙盘模型

枢纽物理模型试验

大藤峡

国家 172 项节水供水重大水利工程标志性工程

六大工程筑伟业

34

傲立峡谷竞风流

开工以来，数千名建设者守定大藤峡谷，战高温、斗洪水、抗暴雨，他们夜以继日，风餐露宿，迎接一次又一次挑战，逾越一个又一个难关，以精湛的技艺诠释大国工匠的定义，以无悔的奉献彰显水利之师的风采。

傲立峡谷竞风流

一家三口齐聚工地

傲立峡谷竞风流

大藤峡公司党组中心组到工地一线学习

工程领域党风廉政风险防控走访调查

参观预防职务犯罪警示教育基地

大藤峡

国家172项节水供水重大水利工程标志性工程

兴水之枢勇担当

工程建成后，将在珠江流域防洪、水资源配置、提高西江航运等级、保障粤港澳大湾区供水安全、水生态治理等方面发挥不可替代的作用，同时还有助于缓解广西电力紧张局面、解决桂中旱片缺水问题、带动沿江经济社会发展。

防洪： 与上游水库联合调度可将梧州市防洪标准由 50 年一遇提高至 100 年一遇，可将珠江三角洲防洪标准由 100 年一遇提高至 200 年一遇，同时兼顾提高西江、浔江堤防保护区的防洪标准。

兴水之枢勇担当

航运： 黔江通航吨级将由当前 300t 级提高至 3000t 级规模，2500t 级的船舶可开到柳州，3000t 级的船舶可直抵来宾。船闸单次通过载重量 1.29 万 t，年均运送货物 5189 万 t。

发电：水电站总装机容量 1600MW，年发电量 60.55 亿 kW·h，为地方经济社会发展注入源源不断的清洁能源。

兴水之枢勇担当

水资源配置：可在枯水季节确保思贤滘流量达到 2500m³/s，抑制河口咸潮上溯，保障澳门及珠江三角洲 1500 万人供水安全，有效改善西江下游河湖生态环境。联合珠江三角洲水资源配置工程，可为香港、深圳等粤港澳大湾区重要区域输送清洁水源。

澳 门

珠 海

兴水之枢勇担当

灌溉：解决桂中 120.6 万亩耕地、138.4 万人口干旱缺水问题，从而实现水旱从人，用水无虞。